豆苗探索科学知识

身临其境大百科

地球里面什么样

王 晶 主编

吉林科学技术出版社

图书在版编目（CIP）数据

地球里面什么样 / 王晶主编 . — 长春 : 吉林科学
技术出版社 , 2021.6
（身临其境大百科）
ISBN 978-7-5578-7986-0

Ⅰ . ①地… Ⅱ . ①王… Ⅲ . ①地球 – 儿童读物 Ⅳ .
① P183-49

中国版本图书馆 CIP 数据核字（2021）第 015161 号

身临其境大百科

地球里面什么样
DIQIU LIMIAN SHENME YANG

主　　编	王　晶
出版人	宛　霞
责任编辑	王聪会
助理编辑	周　禹
排　　版	百事通
图文统筹	上品励合（北京）文化传播有限公司
封面设计	百事通
幅面尺寸	260 mm×250 mm
开　　本	12
印　　张	3.5
页　　数	42
字　　数	40 千字
印　　数	1-6000 册
版　　次	2021 年 6 月第 1 版
印　　次	2021 年 6 月第 1 次印刷
出　　版	吉林科学技术出版社
发　　行	吉林科学技术出版社
社　　址	长春市福祉大路 5788 号龙腾国际大厦 A 座
邮　　编	130118

发行部电话 / 传真　0431-81629529　81629530　81629531
　　　　　　　　　　　　81629532　81629533　81629534
储运部电话　0431-86059116
编辑部电话　0431-81629519
印　　刷　吉广控股有限公司
书　　号　ISBN 978-7-5578-7986-0
定　　价　39.90 元

地面下都有什么

煮熟的鸡蛋

蛋白
蛋黄
蛋壳

哇哦！真的很像煮鸡蛋啊！
只不过是个超级大的鸡蛋！

上地幔

下地幔

地壳

内核

外核

地球

地壳

地壳是地球的外壳，很坚硬，就像鸡蛋的蛋壳一样。地壳最外面是土壤，土壤下面是岩石层，分为上下两层。在土壤和岩石中还藏着很多的水。

老师说，地球的内部结构就像煮熟的鸡蛋一样，分了三层，是这样吗？让我们一起乘坐威风八面的"钻地号"来看一看吧！

大陆地壳

大陆地壳比较厚，最厚可达70千米哦！

土壤覆盖在地球的表面。

高山

土壤

海水

平原

高原

海平面

硅铝层（花岗岩层）

莫霍界面

硅镁层（玄武岩层）

地幔

地壳的下面就是地幔了，地幔位于莫霍界面和古登堡界面之间，约有2883千米厚，由固状熔岩构成，所以地幔占的体积很大，也很重，是地球的主体部分。

大洋地壳

大洋地壳比较薄，平均厚度是7千米。

地幔

在地壳和地幔之间有个面，叫"莫霍界面"，它就像鸡蛋壳和蛋白之间的那层膜，把地壳和地幔分开了。

地核

过了地幔，就到了地球的中心——地核了，总厚度有3480千米呢！地核又分为外核和内核。地核的温度很高，压力也很大。越接近地心，温度越高，压力也越大。

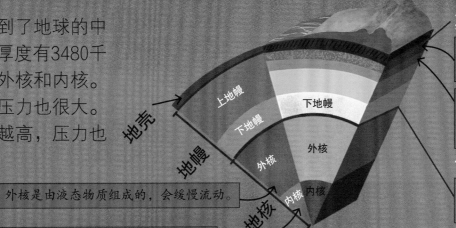

莫霍界面

上地幔的顶部是坚硬的岩石，它和地壳合称为地球的岩石圈。

岩石圈的下面是可以流动的软流层，一般认为这里是岩浆的主要发源地。

地壳 地幔 地核

上地幔 下地幔 外核 内核

古登堡界面

在地幔和地核的分界处有个面，叫"古登堡界面"。

外核是由液态物质组成的，会缓慢流动。

内核是一个固态的金属球，并且非常重。

土壤里的居民们

我们的"钻地号"列车来到了地下世界的第一站：土壤！土壤就像地球的皮肤，覆盖在地球的表面，地球上大部分生命都依赖于它的存在。小朋友们，你们知道吗？在我们看不到的地下，也生活着各种各样的动物。与地面相比，地底下的温度变化小，还可以躲避敌人的攻击，所以安全的地下就变成了它们的快乐王国。现在，我们来看一下这个王国里都有哪些居民吧！

刺猬

刺猬是异温动物，在环境温度下降时不能保持正常体温，所以到了冬天刺猬会在扒好的洞中冬眠。

土拨鼠

土拨鼠在洞口堆土堆，在地下挖隧道，建各种不同作用的"房间"。

蚯蚓

蚯蚓俗称"地龙"，以腐败的生物体为食，它吃过泥土后拉出的便便可是很好的肥料哦。

青蛙

青蛙是冷血动物，体温会随气温而变化，所以到了冬季，青蛙就会钻到地下去过冬。

兔子

兔子的胆子很小，所以它的家一般有很多洞，以此躲避敌害。

獾

獾会自己挖洞穴，有冬眠的习性，喜欢吃蚯蚓。

老鼠

老鼠俗称"耗子"，会挖洞，它们在洞里照顾宝宝。

地下知识连连看

蝉	会钻到地下过冬
鼹鼠	有冬眠的习性
獾	便便可成肥料
青蛙	幼虫会钻入土壤中
蚯蚓	以蚯蚓为食
刺猬	爪子像铲子

蝉

蝉的幼虫钻入土壤中,吸收树根的营养,几年后再钻出地面,蜕皮成蝉。

微生物

土壤中的微生物会分解动物、植物的残体,给土壤增加营养。

昆虫卵

蟋蟀、东亚蝗虫、蜗牛、甲虫等动物都会把卵产在土里,在地下过冬。

鼹鼠

鼹鼠的爪子就像铲子,善于掘土,它们白天住在土穴中,夜晚出来觅食。

蛇

蛇是冷血动物,有冬眠的习性,到了冬天就盘在洞中睡觉。

土壤里的营养

小朋友们，你们知道为什么地面上的植物能够茂盛地生长吗？没错，因为植物的根在土壤里吸收营养和水分呢。那么，土壤中都有哪些营养呢？这些营养又是怎么来的呢？让我们一起来看一下吧！

表土层中富含黑色的腐殖质，这是土壤中最重要的有机物质，可以为地下动物提供食物，为植物提供养分。

微生物负责把动植物残渣分解成腐殖质。

地下知识连连看

蚯蚓　　死亡动植物的残渣

虫子

细菌

分解死亡动植物的残渣

是腐殖质的主要来源

会松土，使空气和水更容易进入土壤

靠腐烂的有机物质为生

风化作用能把岩石分解，就形成了土壤里面的矿物质，比如钠、钾、钙、铁等，为植物生长提供营养。

植物的根穿过土壤，并牢牢地抓住土壤，从土壤中吸收水分和营养。

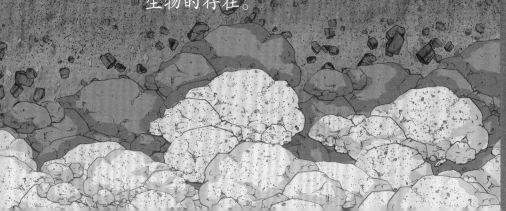

土壤孔隙中含有空气和水，为植物生长和微生物活动提供条件。

亚土层是黏土和石子的混合层，几乎没有腐殖质，因此也没有生物的存在。

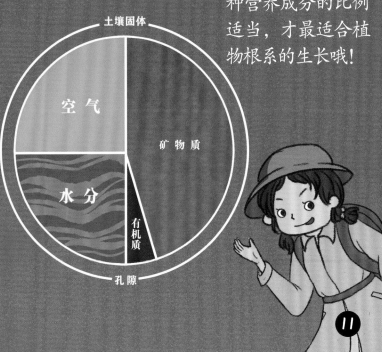

健康的土壤结构

只有土壤中各种营养成分的比例适当，才最适合植物根系的生长哦！

土壤固体

空气

矿物质

水分

有机质

孔隙

城市地下的秘密

在大城市里，地面上有各种各样的建筑，人们忙碌地生活着，每天都很热闹。可是，城市的地下有什么呢？小朋友们，你们想知道吗？我们一起乘坐"钻地号"列车去探秘吧！

地下知识连连看

电	用来检查自来水管道
污	用来检查天然气、供暖管道
消	用来检查电力和通信电缆
水	用来检查雨水排放的管道
热	用来检查排放污水的管道
雨	用来检查地下消防栓和地下蓄水池

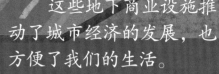

这些地下商业设施推动了城市经济的发展，也方便了我们的生活。

综合管廊：广播电视、通信、电力、供水、污水等各种管线都集中在这里，方便维护和管理。

井盖下面就是窨(yìn)井，工人可以通过它进入地下，去检查地下的管道、线路和设备。

地基就是建筑物的基础，是用来支撑整座建筑物重量的，对保证建筑物的坚固耐久非常重要。

地下室是位于地层下的建筑物，可以居住，也可以做储藏室，或者放置供热锅炉、配电室、发电机等大型设备。

地铁、地下隧道等地下交通系统，可以帮助缓解地面上的交通拥堵问题。

地下水可循环，你听说过吗

我们乘坐"钻地号"列车继续向下进发了。小朋友们，你们知道吗？水是地球上最活跃的物质，因为水是不停地运动着的，而且是海、陆、空循环运动。水可不仅是在江河湖海里，地下也有水，就储存在土壤和岩石的裂隙中。很神奇吧！这一站，我们一起来探秘神奇的地下水世界。是谁让水在不停地循环运动呢？它又是怎样循环的呢？一起来看一下吧！

陆地循环

含水层

植物的蒸腾作用增加了空气湿度。

水的循环原来是由太阳驱动的啊！

水从湖泊中蒸发。

海陆间循环

潮湿空气冷却时变成水滴或雪花而形成降水。

风把气团带到陆地上空。

海上内循环

水从海洋中蒸发。

地表水经河道流归大海。

水渗入土壤成为地下水，也向大海的方向流去。

美丽又神奇的洞穴

　　小朋友们，你们见过洞穴吗？是不是感觉很神秘？这可是雨水的杰作哦。雨水渗入地下侵蚀岩石，就会形成坑洞和洞穴，这个过程可是需要很长时间的。有些洞穴是露天的，但大部分都是深藏在地下的。现在，我们就乘坐"钻地号"列车去探秘洞穴的神奇吧！

水沿着石灰岩裂缝下渗，慢慢溶解岩石。

如果滴落在地面上向上堆积，就形成石笋了。

地下溶洞的顶部坍塌形成巨大的天坑，多数地表水就流进这里了。

水从溶洞顶部滴下，其中的石灰岩成分像冰凌一样向下凝固，形成钟乳石，悬在洞顶。

石钟乳和石笋连接起来，形成石柱。

一旦流水找到了更低的通道，就会继续向下渗入，形成地下空间，称为溶洞或喀斯特洞穴。

水渗入地下，遇到不透水层，就沿层流动，形成地下河。

泉水从地下涌出来了

我曾经跟爸爸妈妈去济南旅游，参观了著名的趵突泉，看着泉水源源不断地喷涌出来，感觉好神奇啊！这是怎么回事呢？你们想知道吗？现在和我一起去探秘泉水之谜吧！

下降泉

山上降水时，水顺着裸露的岩石裂隙渗入岩石和含水层里，然后从半山腰或断崖的岩石裂缝里露出来，就形成了下降泉。山上降水多，泉水就流得多，反之，泉水就会减少甚至断流。

上升泉

看，这就是上升泉哦！泉水从泉口不停地垂直往上冒，水花翻腾，还有好多气泡，我看过的趵突泉就是这样的。它的形成是因为地下岩层断裂，使地下水的水位升高，水就沿着断层带溢出地表，形成了泉水。

温泉

　　一般水温高于25℃的泉水就可以称为温泉啦！地下的深处有热源，把地下水加热，随着水温升高，压力就会越来越大，当岩石层出现裂隙的时候，水就会在压力的作用下涌出地表，就是我们看到的温泉了。比如北京的小汤山温泉、西安的骊山温泉、广东的从化温泉等，都很有名。

　　小朋友们，我要特别说明一下，这三种泉不一定发生在同一条山脉上，为了让大家看明白，我就画在一起了。另外，在一些火山区还会出现有规律地喷热水的间歇泉，喷发高度可以达到100米，太神奇了！

我们从河、湖、水库或地下水层取水，这些水是不干净的，里面含有泥沙、细菌和有害物质。

水来到自来水厂后，要先往水中投入一种叫"明矾"的化学物质，它能使水中较大的脏东西变成絮状物。

明矾

氟化物

能防止蛀牙

能杀死水中的残留细菌

氯

水在沉淀池里沉淀几天后，大部分脏东西会沉到水底部，被清除出去，水则进入到过滤池。

（沉淀池）

在活性炭过滤池中，过滤网会把水中更小的脏东西过滤掉。

（活性炭过滤池）

从水中清除出来的脏东西。

水经过活性炭过滤池后，水中的异味和臭味会被除掉，变得很干净啦！

水龙头里的水是怎么来的

　　小朋友，当你打开水龙头的时候，哗啦啦的水就从里面跑出来了。我们就可以洗手、洗脸、洗澡，爸爸妈妈可以洗衣服、做饭了。那么，你知道水龙头里的水是怎么来的吗？现在我们就一起顺着水管来一次探险吧！

（储水塔）

　　在被送入储水塔的路上，水中会加入"氯"和"氟化物"。

　　送进储水塔的干净水，经过配水泵提高水压后，通过水管送到我们的家里，我们就可以使用啦！

宝贵的化石燃料

我们的"钻地号"列车继续向下前进。啊！土壤下面原来就是坚硬的岩石了，而且它里面还有很多宝贝呢，简直是地球的大宝库。首先要看的是煤炭、石油、天然气这三种世界上最重要的化石燃料，它们都埋藏在地下的岩石层里，对我们的生活非常重要，人们通过挖掘和打井的方式把它们开采出来。

地下岩石层中的石油和天然气都是这样被开采出来的。

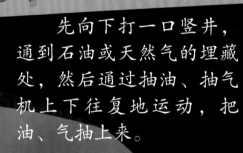

先向下打一口竖井，通到石油或天然气的埋藏处，然后通过抽油、抽气机上下往复地运动，把油、气抽上来。

天然气 ———

大量生物死亡后沉积到水底，在压力和高温作用下，经过数百万年，就会转化成石油和天然气。

石油

地下水

通风井的作用是为了使坑道通风，抽走瓦斯，并降低矿坑内部的热度与湿度。

竖井有几百米深，可以挖掘到埋藏在地下深处的煤。

露天采煤法：用大型挖土机把几百米深的表面土层移走，让煤露出来再开采。

通风井

升降机上上下下运动，运送矿工和煤。

煤是远古时代的植物残骸被埋在地层下，长时间受到地热和地层压力影响而逐渐形成的。

输送带将煤输送到竖井的位置，再通过升降机将煤送到地面。

丰富的矿石

小朋友们，你知道吗，岩石层中有非常丰富的矿石哦！开采出来的矿石，有些能直接被利用，有些则需要从中提炼出有用的成分后再利用。下面我们就来一起认识一下具有代表性的几种矿石吧！

金矿：质软，很重，为重要的货币金属，也常用于制作装饰品和实验仪器。

黄铜矿：是提炼铜最主要的矿石。

方铅矿：铅灰色，质软、重、脆，是重要的炼铅、炼银矿石。

金属矿

磁铁矿：属含铁矿物，具有磁性，吸附含铁物质。

赤铁矿：呈铁灰色或红褐色，是最重要的含铁矿物。

大理石：常用作地砖、墙砖、雕塑等，也是制造水泥的原料。

盐矿：可制成食用盐、纯碱、烧碱、盐酸等，还可用于防腐哦！

花岗岩：漂亮，耐磨损，常被用作室外的建筑材料。

非金属矿

陶土：是由非常微小的岩石颗粒组成的一种黏性土壤，可烧制陶器。

钻石（金刚石）

珍贵耀眼的宝玉石：是岩石中的天然矿物晶体，色彩鲜艳，质地坚硬晶莹，抛光后光泽灿烂，常被用来制作首饰。

黄玉

翡翠

蓝宝石

紫水晶

红宝石

蛋白石

黑玛瑙

珍贵的古生物化石

小朋友们，你们见过化石吗？我们乘坐的"钻地号"列车在岩石层中穿行的时候，看到了很多的化石。动物的、植物的都有，而且不同地层中的化石还不一样，感觉好神奇啊！

化石是地球历史的记录

地球形成之初，微小的细菌出现。

前寒武纪 5.43 亿年前

被科学家发现后，挖掘出来进行研究。

化石就这样出现了

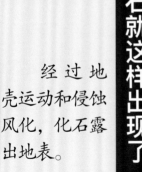

经过地壳运动和侵蚀风化，化石露出地表。

大灭绝几乎毁灭地球上所有的生物

恐龙化石

菊石

三叠纪 2.50 亿年前

裸子植物出现，爬行动物兴起，最早的恐龙进化形成。

二叉羊齿叶化石

尸体被泥沙覆盖，腐烂后石化。

恐龙统治地球

水里的动物死亡后，下沉到水底部的泥里。

始祖鸟化石

26

复杂的多细胞生物出现了。

寒武纪 4.9亿年前

三叶虫化石

苔藓虫化石

最早的鱼类开始出现。

奥陶纪 4.38亿年前

有颌的鱼、蕨类植物开始出现。

志留纪 4.10亿年前

古生贝类化石

大面积的森林出现，为煤的形成提供了大量原材料。

泥盆纪 3.54亿年前

2.95亿年前

植物化石

鱼是当时最高等、最普遍的动物，所以，也被称为"鱼类时代"。

鱼化石

古人类化石

似鸡龙化石

白垩纪 6500万年前

哺乳动物兴盛，被子植物布满大陆。

巨齿鲨牙齿

第三纪 180万年前

猛犸象长牙

恐龙时代结束。

第四纪 现在

人类出现了。

移动的板块

　　我们的"钻地号"列车继续向下穿行，来到了地球深处。小朋友们，你们知道吗？我们脚下的地壳可不是完整的一块哦，它就像裂了缝的蛋壳，分成了十几块，其中有六块是非常大的，也就是我们常说的六大板块：欧亚板块、印澳板块、太平洋板块、美洲板块、非洲板块和南极板块。这些板块在地幔热对流的推动下，缓慢地进行挤压碰撞或者飘移分离，才逐渐形成了今天七大洲、四大洋的分布状况。

板块推挤在一起，常常在陆地形成褶皱或山脉，比如阿尔卑斯－喜马拉雅山系就是这样形成的。

板块被推开，常形成裂谷或海洋，比如红海、大西洋就是这样形成的。

地球深处产生的热从地幔上升到地表，就是这股力量把板块推开的。

下沉的冷地幔流的力量又把板块拉拽在一起。

地理老师说，板块内部的地壳比较稳定，但是板块与板块交界的地方就特别活跃，世界上的火山、地震带大多分布在这里哦！

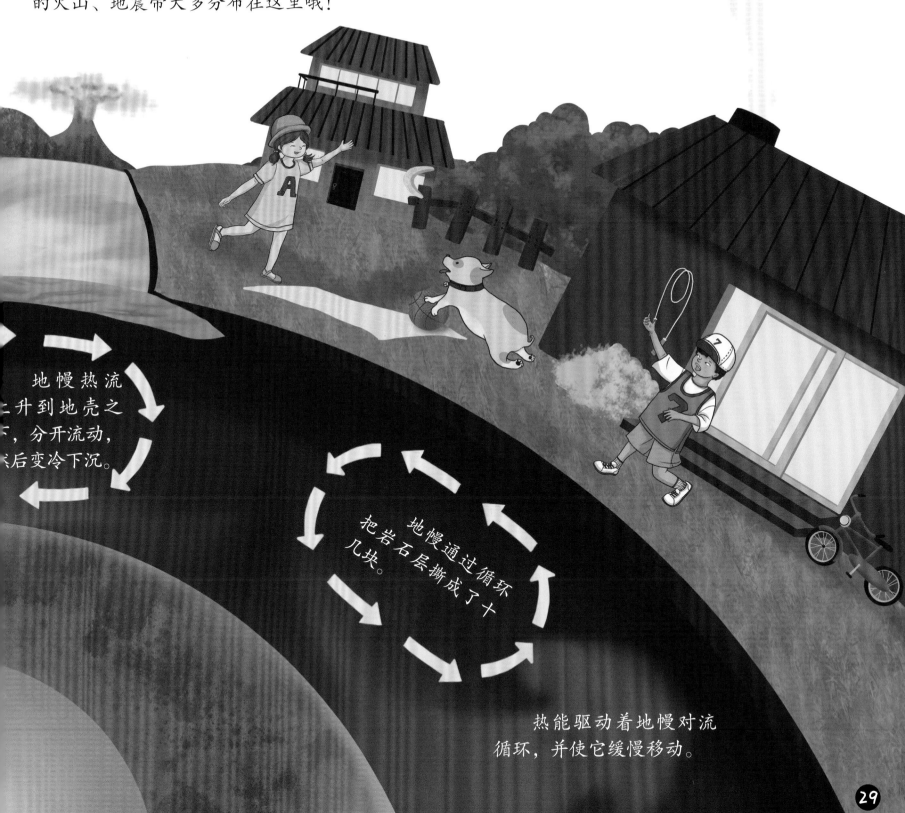

地幔热流
上升到地壳之
下，分开流动，
然后变冷下沉。

地幔通过循环
把岩石层撕成了十
几块。

热能驱动着地幔对流
循环，并使它缓慢移动。

地震啦

小朋友们，你们经历过地震吗？当然，我也只是在电视上看到过，当发生地震时，那情景真的是非常可怕！为什么会发生地震呢？遇到地震该怎么办呢？

乘坐公共交通工具：躲在座位旁，抓牢扶手，护好头部。

地震小常识

主震：在一个地震序列中最强的一次地震。

余震：主震后接连发生的小地震。

里氏震级：表示地震力量的大小，地震释放出的能量越大，震级就越大。

烈度：指地震时地面受到的影响和破坏程度，震级越大，烈度越大。

地震是怎么发生的

大多数地震发生在地壳的板块边界处，板块一直在缓慢移动，它们之间相互挤压、碰撞、分离，使构成板块的岩石发生错动和破裂，从而引发地震。

被埋后要保存体力，正确发出求救信号。

在家里：躲在墙角、坚固的桌下或卫生间等小开间处。

在公共场所：躲在墙角或桌、椅等坚固物品下面，待地震过后再有序撤离。

撤离时保护好头部。

震中：地面上与震源正对着的地方。

在室外：双手护头蹲在开阔的地方，避开高大建筑物或危险物。

震源深度：震源到地面的垂直距离。

地震波：是震源释放的能量波，地面各种破坏现象都是地震波的冲击造成的。

震源：地球内部岩层破裂引起振动的地方。

火山喷发了

小朋友们请看，这就是火山喷发的情景！滚滚的浓烟，滚烫的岩浆，还有巨大的响声……太吓人了！火山为什么会喷发呢？岩浆是从哪里来的呢？一起来看一下吧！

火山灰会遮蔽太阳，导致气温下降。

喷发的火山气体和蒸汽，可导致人和动物窒息死亡。

涌出地表的岩浆温度非常高，会引发山火、火灾，摧毁大片林地。

火山弹：火山喷发时喷出的熔岩碎片，在空中遇冷落地而成的固体。

火山喷发的气体中含有大量的二氧化硫，会形成酸雨。

岩浆从岩石圈薄弱的地方冲破地壳，喷涌而出，造成火山喷发。

火山喷出物常堆积成锥形的山丘，形成火山锥。

在地球内部极大的压力下，岩浆向上寻找出路。

上地幔的软流层充满着炽热的岩浆。

地核——地球的中心

我们乘坐的"钻地号"列车继续向下进发，穿过古登堡界面，到达了本次列车的终点站——地核。这里就是地球的中心了。不要以为地核很小哦，实际上它比火星还要大，直径接近7000千米呢！由于地核是铁和镍的混合物，所以它非常重，占了地球将近三分之一的重量呢。

地磁场就像一个防护盾，能抵御太阳风，使我们免受紫外线辐射。

太阳风，是来自太阳的高速带电粒子流，充满了我们整个太阳系。

地球的周围是个大磁场，是由液态金属外核不断地运动产生的。地磁场的分布就像一个条形磁铁，通常，地磁北极（N）处于地理南极附近，地磁南极（S）处于地理北极附近。

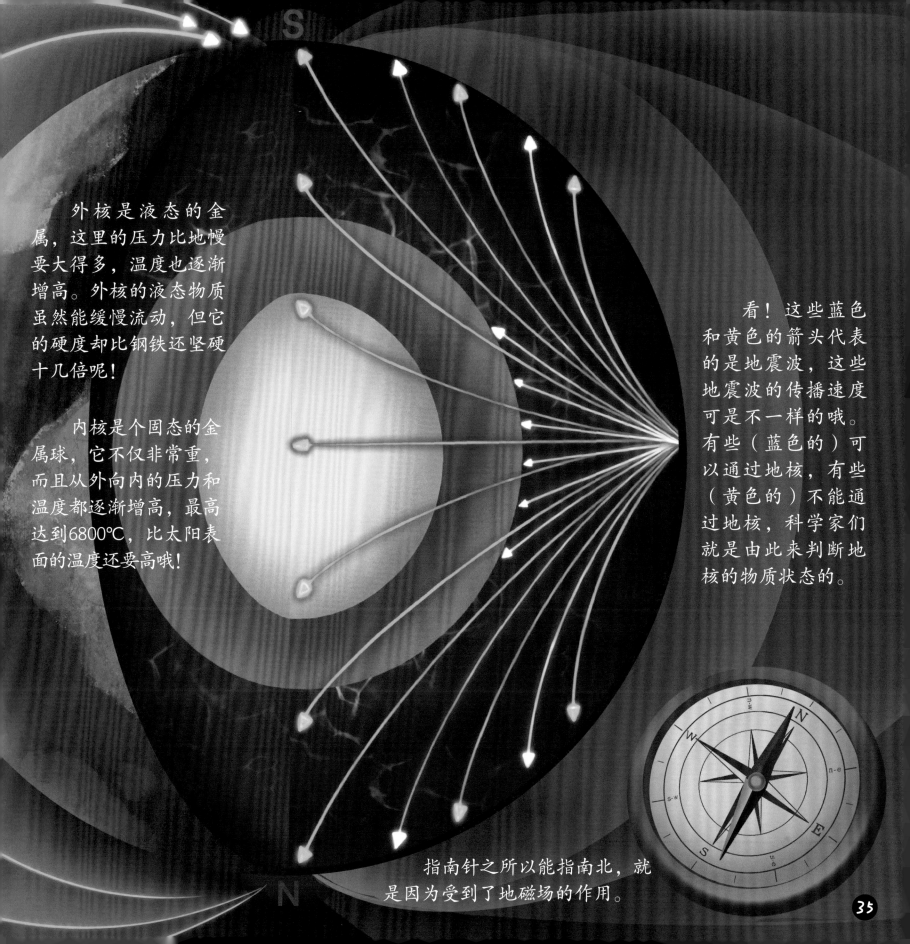

外核是液态的金属，这里的压力比地幔要大得多，温度也逐渐增高。外核的液态物质虽然能缓慢流动，但它的硬度却比钢铁还坚硬十几倍呢！

内核是个固态的金属球，它不仅非常重，而且从外向内的压力和温度都逐渐增高，最高达到6800℃，比太阳表面的温度还要高哦！

看！这些蓝色和黄色的箭头代表的是地震波，这些地震波的传播速度可是不一样的哦。有些（蓝色的）可以通过地核，有些（黄色的）不能通过地核，科学家们就是由此来判断地核的物质状态的。

指南针之所以能指南北，就是因为受到了地磁场的作用。

"我们下一站是……"